BEI GRIN MACHT SICH IHR WISSEN BEZAHLT

- Wir veröffentlichen Ihre Hausarbeit, Bachelor- und Masterarbeit

- Ihr eigenes eBook und Buch - weltweit in allen wichtigen Shops

- Verdienen Sie an jedem Verkauf

Jetzt bei www.GRIN.com hochladen und kostenlos publizieren

Batteriespeicher in Privathaushalten

Ein wirtschaftlicher und nachhaltiger Beitrag zur Energiewende?

Nick Bulach

Bibliografische Information der Deutschen Nationalbibliothek:

Die Deutsche Nationalbibliothek verzeichnet diese Publikation in der Deutschen Nationalbibliografie; detaillierte bibliografische Daten sind im Internet über http://dnb.d-nb.de abrufbar.

ISBN: 9783346619648
Dieses Buch ist auch als E-Book erhältlich.

Das Buch bei GRIN: https://www.grin.com/document/1189167

Batteriespeicher in Privathaushalten

Seminararbeit

im Studiengang Energiewirtschaft und Management

der Fakultät Business Science and Management

an der Hochschule Albstadt-Sigmaringen

eingereicht von

Nick Bulach

Hechingen, 22. Dezember 2020

Inhaltsverzeichnis

<u>Abbildungsverzeichnis</u>

1 Einleitung

Die Energiewende ist eines der wichtigsten Ziele Deutschlands und mittlerweile auch Europas. Ein Teil dessen ist die Umstrukturierung des deutschen Stromsystems. Durch den Zubau von EE-Anlagen wurde die installierte Leistung der Erneuerbaren stetig gesteigert. Damit einher gehen große Mengen an Strom aus erneuerbarer Energie. Im Jahr 2018 lag der Anteil der Erneuerbaren am Bruttostromverbrauch bereits bei 37,8%.[1] Doch leider steht diese Energie nur schwankend zur Verfügung. Durch diese volatile Stromerzeugung werden in Zukunft Speicher- und Flexibilitätslösungen benötigt, um dieser Volatilität entgegen zu wirken. Eine dieser Technologien sind private Batteriespeicher.

Im Folgenden soll nun die Frage erläutert werden, inwiefern private Batteriespeicher wirtschaftlich erfolgreich sind und nachhaltig einen Beitrag zur Energiewende leisten können.

2 Marktübersicht – Verbreitung und Marktteilnehmer

Private Batteriespeicher erfreuen sich immer größerer Beliebtheit. Deren wichtigster Anwendungsfall sind netzgekoppelte PV-Batteriesysteme. Dabei versucht ein Haushalt mithilfe der Batterie seine Eigenbedarfsquote und damit den Autarkiegrad zu optimieren.[2] (Kap. 4) Eine große Rolle spielt dabei der aktuelle Haushalts-Strompreis in Verbindung mit der jeweiligen EEG-Vergütung. Das Marktwachstum wird aber auch durch die sinkenden Anschaffungskosten und durch die staatliche Förderung privater Batteriespeicher gestärkt.

Das Marktwachstum spiegelt sich in den Zahlen der Neuinstallationen und in der kumulierten Anzahl an Batteriespeichern wider. Die Zahl der installierten Batteriespeichern lag Anfang 2017 bei 61.300. Dies entsprach einer nutzbaren Speicherkapazität von 400 MWh.[3]

Das Bonner Marktforschungsunternehmen „EUPD Research" stellte für den Zeitraum 2017-2019 folgende Entwicklung auf dem Heimspeicher-Markt fest: Im Jahr 2017

---

[1] Vgl. Bundesministerium für Wirtschaft und Energie (2019), S. 10
[2] Vgl. Thielmann, A. (2015), S. 7
[3] Vgl. Figgener, J. (2017), S. 10

konnte man die kumulierte Anzahl auf 96.210 erhöhen. Im Folgejahr 2018 erhöhte sich diese Zahl auf 141.210. Auch im Jahr 2019 konnte man bei Batteriespeichern einen Zuwachs auf nun insgesamt 206.210 feststellen. 2017 lag das Wachstum bei 64% zum Vorjahr. Dieses pendelte sich für die Jahre 2018 und 2019 bei 46% ein. Im Betrachtungszeitraum 2017-2019 hat sich damit die Anzahl an Batteriespeichern mehr als verdoppelt.[4]

Um die Anbieterstruktur für private Batteriespeicher (Stand: 2019) auf dem deutschen Markt zu ermitteln hat das „EUPD Research" eine Marktanalyse durchgeführt. Mit 20% hat der bayrische Anbieter „Sonnen" den größten Marktanteil. Darauf folgt der chinesische Anbieter „BYD" mit 19%. Es folgen schließlich zwei weitere deutsche Anbieter mit „E3/DC" (14%) und „SENEC" (14%) sowie der südkoreanische Anbieter „LG Chem" (12%). Laut dieser Marktanalyse decken somit die fünf größten Anbieter 79% des deutschen Bedarfs. Dabei spiegelt sich die asiatische Stärke bei der Batterieherstellung wider. „BYD" und „LG Chem" nehmen zusammen immerhin einen Marktanteil von 31% ein.[5]

Es ist zu beachten, dass ein Großteil der abgesetzten Batteriesysteme mittlerweile auf Lithium basiert. Rein technisch gesehen hat die Lithium-Ionen-Batterie zur Blei-Säure-Batterie einige Vorteile. Das sind z.B. ein höherer Wirkungsgrad, längere Lebensdauer, größere Entladungstiefe, bessere Lagerbarkeit (höhere Energiedichte) und geringere Wartungsintensität.[6] Auch die für Lithium-Ionen-Batterien sinkenden Anschaffungskosten (Kap 3.1.) sind hier natürlich ein Faktor.

Im Jahr 2013 teilten sich die beiden Technologien noch den Markt. Die Blei-Säure-Batterie war damals mit über 60% noch häufiger vorzufinden. Aber bereits 2017 lag der Marktanteil der Lithium-Ionen-Batterie bei fast 100%. Das war auch im Folgejahr der Fall.[7] Aus diesem Grund wird an den entsprechenden Stellen dieser Seminararbeit lediglich auf die Lithium-Ionen-Batterie eingegangen.

---

[4] Abb. 3: Anzahl der Heimspeicherinstallationen in Deutschland/jährliche Neuinstallationen (2017-2019)
[5] Abb. 4: Marktanteile für Heimspeicher in Deutschland (2019)
[6] Vgl. Sinnecker, C. (2017), S.7 f.
[7] Vgl. Figgener, J. (2020), S. 7 f.

3 Wirtschaftlichkeit aus der Sicht eines Haushaltes

Betrachteter Anwendungsfall: PV-Speichersystem zur Eigenversorgungsoptimierung

Für einen Haushalt ergibt sich die Wirtschaftlichkeit, indem er seine Stromgestehungskosten in Vergleich zum Haushalts-Strompreis setzt. Der Moment, indem beide Kostensätze gleich hoch sind, wird Netzparität genannt.[8] Unterschreiten die Stromgestehungskosten den Haushalts-Strompreis, so wird der betrachtete Anwendungsfall vorteilhaft. Warum die Stromgestehungskosten eines PV-Batteriesystems mittlerweile unterhalb der Strombezugskosten liegen, wird in den folgenden Kapiteln erläutert.[9]

3.1. Anschaffungskosten

Maßgeblich geprägt wird die Wirtschaftlichkeit von privaten Batteriespeichern vom Preis der Batterie selbst. In Bezug auf die Wirtschaftlichkeit sollte man bei dieser auf eine möglichst lange Lebensdauer achten. Diese kommt durch eine möglichst hohe Zyklenzahl zustande, ein Vorteil der Lithium-Ionen-Batterie.[10] Betrachtet man schließlich ein gesamtes Batteriesystem, so kommen mehrere Komponenten-Kosten hinzu. Das sind Kosten für einen Batterie-Wechselrichter, einen Energiemanager und für die Installation.

Etwa 40% der Kosten einer Lithium-Ionen-Batterie wird durch den Materialaufwand gedeckt. Die restlichen 60% werden durch die Zellkomponenten bestimmt. Die Batteriekosten werden daher auch zu einem nicht unerheblichen Teil vom Preis für Lithium beeinflusst.[11] Von 2017-2018 wurde die Förderkapazität von Lithium auf circa 60.000 t/Jahr verdoppelt.[12] Ab 2017 begann der Kurs daher von 18.000 US$/t auf fast 10.000 US$/t im Jahr 2019 zu fallen.[13] Wegen der weltweit steigenden Produktionskapazitäten fällt nun der Handelspreis für Lithium.

---

[8] Vgl. Brauner, G. (2019), S.155
[9] Abb. 5: Kosten PV & Speicher vs. Haushaltsstrompreis
[10] Vgl. Schmiegel, A. (2019), S. 178
[11] Vgl. Kurzweil, P. (2018), S. 253
[12] Abb. 6: Preisentwicklung Lithium
[13] Abb. 7: Entwicklung der Bergwerksförderung von Lithium

Eine hohe Nachfrage nach Lithium durch beispielsweise E-Autos kann sich preissteigernd auswirken. Die zunehmende Verbreitung von E-Autos erhöht nun aber den Forschungs- und Entwicklungsbedarf für Batterien zusätzlich. Der Heimspeicher-Markt kann hier von Skalen-Effekten profitieren, womit die Anschaffungskosten für Batteriespeicher wieder sinken.

Das zeigt sich im "Speichermonitoring Jahresbericht 2016" für den Zeitraum 2013-2015. Die Kosten pro Kapazität (kWh) für ein Lithium-Speichersystem sanken in dieser Zeit von circa 3.100 €/kWh auf circa 1.900 €/kWh. Immerhin eine Kostendegression von 38,9% in nur 3 Jahren.[14]

Diese Kostendegression setzte sich über die Jahre fort. Im „Speichermonitoring Jahresbericht 2019" lagen die Kosten für ein Lithium-Speichersystem im Jahr 2018 bei circa 1.400 €/kWh.[15] Für beide Monitoring-Programme wurden Daten von Speichersystemen herangezogen, die innerhalb der KfW-Förderung für Batteriespeicher lagen.

3.2. Förderung

Ein weiterer wichtiger Aspekt der Wirtschaftlichkeit ist die Förderung von privaten Batteriespeichern. Diese erfolgt auf Bundes- und Landesebene.

Die Bundesregierung betreibt die Förderung über die KfW mithilfe günstiger Kredite und Tilgungszuschüssen. Aktuell bietet die KfW eine Förderung von Batteriespeichern im Programm „Erneuerbare Energien Standard" (Kredit 270). Dabei handelt es sich um einen günstigen Kredit, aber ohne Tilgungszuschüsse.[16]

Das Land Baden-Württemberg förderte Batteriespeicher im Programm „Netzdienliche PV-Batteriespeicher". Das Programm startete Anfang 2018 und förderte private Batteriespeicher in Verbindung mit einer neuen PV-Anlage per Zuschuss. Ein prognosebasiertes System wurde extra bezuschusst. In diesem Programm musste im Sinne der Netzdienlichkeit die maximale Leistungsabgabe der PV-Anlage auf 50% heruntergefahren werden. Der Förderzuschuss wurde Anfang 2019 herabgesenkt.[17]

---

[14] Vgl. Kairies, K. (2016), S. 57
[15] Vgl. Figgener, J. (2019), S. 15
[16] Vgl. https://www.kfw.de/inlandsfoerderung/Privatpersonen/Bestandsimmobilie/F%C3%B6rderprodukte/Eneuerbare-Energien-Standard-(270)/ (Zugriffsdatum: 06.12.2020)
[17] Vgl. Figgener, J. (2019), S. 9

Das Ministerium für Umwelt, Klima und Energiewirtschaft BW gibt an, dass das Programm ab dem 1. März 2021 neu aufgelegt werden soll. Es soll bis zum 31. Dezember 2022 mit 10 Mio. Euro bezuschusst werden.[18] Andere Bundesländer, Kommunen und Stadtwerke bieten auch aktuell Förderungen unterschiedlicher Höhe für private Batteriespeicher zum Zwecke der Eigenbedarfsoptimierung an.[19]

Eine Investition kann mittlerweile aber auch ohne eine Förderung wirtschaftlich sein. Das zeigen die sinkenden Anschaffungskosten (Kap.3.1.). Mit diesen einher gehen dann z.B. Senkungen von Förderzuschüssen innerhalb eines Förderprogramms. Damit kann die Höhe einer Förderung den aktuellen Anschaffungskosten von Batteriespeichern angepasst werden.

3.3. Wirtschaftlichkeit bei nachträglicher Installation

Aktuell ist es sehr sinnvoll, die eigene PV-Anlage mit einem Batteriespeicher auszustatten. Das liegt daran, dass die EEG-Vergütung unter das Preisniveau für Strombezug aus dem Netz gefallen ist. Eine Batterie wird nun wirtschaftlich, da man dadurch einen höheren Anteil des selbst erzeugten billigeren Stroms nutzen kann. [20] (Kap. 4)

Doch was ist mit PV-Anlagen, die nach 20 Jahren aus der EEG-Vergütung herausfallen? Diese müssen ihren Strom zu einem sehr niedrigen Preis von circa 2-3 Cent/kWh an der Börse vermarkten oder vermarkten lassen.[21]

Dass eine PV-Anlage durchaus länger als 20 Jahre betrieben werden kann, haben Lebensdaueruntersuchungen an privaten PV-Modulen gezeigt. Mit Blick auf die höheren Stromkosten wird es dann wirtschaftlich sein, einen Batteriespeicher zu installieren. Ab 2021, wenn die ersten EEG-Vergütungen auslaufen, kann deshalb mit durchaus hohen Installationszahlen von Batteriespeichern gerechnet werden.[22]

---

[18] Vgl. https://um.baden-wuerttemberg.de/de/energie/informieren-beraten-foerdern/foerdermoeglichkeiten/pv-speicher/ (Zugriffsdatum: 17.12.2020)
[19] Vgl. Bundesnetzagentur (2020), S.16
[20] Vgl. Eckert, F. (2017), S. 717
[21] Vgl. Graulich, K. (2018), S. 20
[22] Vgl. Figgener, J. (2019), S. 31

4   Bedeutung der Eigenbedarfsquote und des Autarkiegrades

Wie bereits erwähnt sind der aktuell wichtigste Anwendungsfall für Batteriespeicher netzgekoppelte PV-Batteriesysteme, um die Eigenbedarfsquote und den Autarkiegrad eines Haushaltes zu erhöhen.

Hier wird vom „Primärnutzen" des Batteriespeichers gesprochen. Der Sekundärnutzen besteht dann darin, den Batteriespeicher an Märkten des Erzeugungsausgleichs oder der Systemdienstleistungen zu vermarkten.[23] (Kap. 5)

Der Eigenbedarfsanteil gibt an, wie viel des eigens produzierten PV-Stroms ein Haushaltskunde tatsächlich selbst vor Ort verbraucht [(Batterieladung) + Direktverbrauch]. Dividiert durch den insgesamt erzeugten PV-Strom ergibt sich die Eigenbedarfsquote. Der Autarkiegrad hingegen zeigt einem Haushalt auf, inwieweit er seinen Jahresstromverbrauch selbst decken kann [(Batterieentladung) + Direktverbrauch]. Hier wird durch den insgesamten Strombedarf dividiert. In der Regel ist nun die Leistung einer PV-Anlage mittags am größten, nachts andersherum. Ohne einen Batteriespeicher kann der PV-Strom nur temporär genutzt werden. Außerdem nur teilweise, weswegen ein hoher Teil ins Netz eingespeist werden muss. Ein Batteriespeicher hingegen kann einen Teil dieser Netzeinspeisung auffangen. Dadurch macht dieser den PV-Strom auch später nutzbar, wenn die Sonne nicht mehr scheint. Schließlich kann mehr vom eigenen PV-Strom genutzt werden und gleichzeitig muss weniger vom Netz bezogen werden.[24]

Beeinflussen lassen sich Eigenbedarfsquote und Autarkiegrad durch die Größe des PV-Systems, sowie durch die Größe des Batteriespeichers. Natürlich ergeben sich im Laufe des Jahres jeweils verschiedene Werte für die beiden Größen. Bei der nachfolgenden Betrachtung handelt es sich daher um jährliche Durchschnittswerte.

---

[23] Vgl. Figgener, J. (2017), S. 20
[24] Vgl. Sinnecker, C. (2017), S. 4 f.

Abb. 1 zeigt den Einfluss der PV-Systemgröße sowie der nutzbaren Batteriekapazität auf den Eigenverbrauchsanteil(links) und Autarkiegrad(rechts). Der Jahresstrombedarf soll bei 4000 kWh liegen. Annahme: nutzbare Speicherkapazität 4 kWh

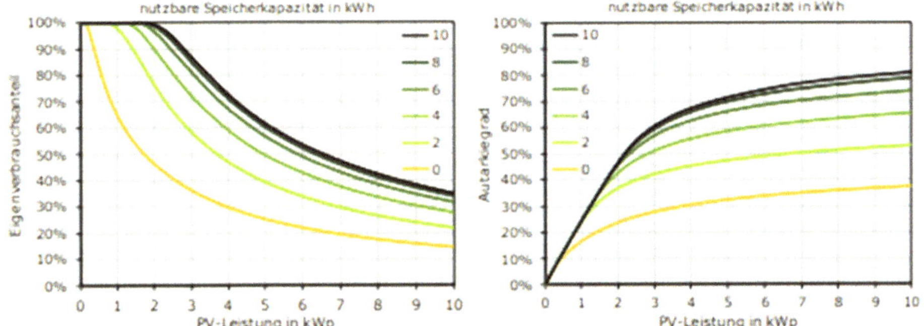

Abb. 1: Einfluss der PV-Leistung und Speicherkapazität auf den jahresmittleren Eigenverbrauchsanteil

(links) und Autarkiegrad (rechts) (Jahresstrombedarf 4000 kWh)

Quelle: Weniger, J. (2015), S. 29

Ist die PV-Leistung mit unter 2 kWp gering, so liegt der Eigenverbrauchsanteil bei 100%. Mit steigender installierter PV-Leistung sinkt dieser Eigenverbrauchsanteil stark, bei 10 kWp PV-Leistung liegt dieser nur noch bei circa 30%. Bei zu hoher Einspeisung kann der PV-Strom weder direkt verbraucht noch in der Batterie gespeichert werden. Der Autarkiegrad ist bei niedriger PV-Leistung gering. Ein hoher Anteil des Strombedarfes muss daher über das Netz bezogen werden. Mit steigender PV-Leistung sinkt die Abhängigkeit vom Netzbezug leicht. Bei einer hohen PV-Leistung von 10 kWp wird die degressive Entwicklung des Autarkiegrades bei circa 60% maximal.

Doch was geschieht, wenn man außer der installierten Leistung der PV-Anlage auch die nutzbare Speicherkapazität des Batteriespeichers erhöht?

In Abb. 1 ist ersichtlich, dass mit höherer Speicherkapazität ein höherer Eigenverbrauchsanteil bei gleichbleibender PV-Leistung erzielt werden kann. Dieser Effekt schwächt sich aber stetig ab. Die Kurve hat einen ähnlichen Verlauf und verschiebt sich nach rechts. Auch hier sinkt der Eigenverbrauchsanteil mit steigender PV-Leistung.

Die Kurve des Autarkiegrades verschiebt sich mit steigender Speicherkapazität bei gleichbleibender PV-Leistung mit ähnlichem Verlauf nach oben. Das heißt, dass der Autarkiegrad mit steigender nutzbarer Speicherkapazität steigt. Auch dieser Effekt schwächt sich stetig ab. Durch den degressiven Verlauf der Kurve, ist für den Autarkiegrad bei 80% ein Maximum gegeben (bei PV-Leistung: 10 kWp, nutzbare Speicherkapazität 10 kWh).

Dieses Beispiel zeigt, dass ein Autarkiegrad von 100% für einen normalen Haushalt fast nicht möglich ist. Dabei ist es egal, welche Dimensionen PV-Anlage und Batteriespeicher annehmen. Der Stromverbrauch eines solchen Haushaltes müsste schon sehr gering sein.[25] Grundsätzlich zeigt sich aber, wie wichtig es ist PV-Leistung und nutzbare Speicherkapazität an den Stromverbrauch anpassen. Nur so kann die Anlage wirtschaftlich und mit den maximalen Wirkungsgraden betrieben werden.

5   Systemdienlichkeit privater Batteriespeicher

Je mehr Batteriespeicher in Privathaushalten installiert werden, desto größer ist deren volkswirtschaftlicher Effekt auf das Stromsystem als Ganzes. Deshalb wird es umso wichtiger, private Batteriespeicher netzdienlich zu betreiben, wie es auch Förderprogramme verlangen.

5.1. „Entsolidalisierung"

Je höher der Autarkiegrad eines Haushaltes, desto geringer fällt der Netzbezug aus. Im Haushalts-Strompreis stecken aber Steuern, Umlagen, Netzentgelte und Konzessionsabgaben. Diese Kostenbestandteile müssen von der Allgemeinheit getragen werden. Verbrauchsbezogen zahlen Haushalte mit hohem Autarkiegrad also weniger Steuern und Umlagen. Mit dem Begriff der „Entsolidalisierung" stellt die sich Frage, ob diese Haushalte zu wenig für die allgemeinen Kosten der Stromerzeugung und -verteilung leisten.

Beziehen nun viele Haushalte weniger Strom vom Netz, so sinken die aus dem Strombezug stammenden Steuereinnahmen. Dies kompensiert weitestgehend die auf

---

[25] Vgl. Eckert, F. (2017), S. 712

beim Kauf von Speichersystemen oder deren Nutzen gezahlte Umsatzsteuer im Falle der Regelbesteuerung. PV-Speicher stellen zudem unentgeltlich Systemdienstleistungen zur Verfügung.[26] (Kap. 5.2.)

Außerdem muss ein Letztverbraucher die EEG-Umlage bezahlen. Es gelten aber Ausnahmen. Nach § 61 Absatz 1 Satz 4 entfällt diese für Stromerzeugungsanlagen mit einer installierten Leistung bis max. 10 kWp bei max. 10 MWh Eigenverbrauch im Jahr.[27]

Dies entspricht der Größenordnung eines Privathaushaltes. Durch die Steigerung ihres Autarkiegrades mithilfe eines Batteriespeichers können sie die Summe der nicht gezahlten EEG-Umlagen erhöhen. Von einer „Entsolidalisierung" kann hier aber nicht die Rede sein, denn für den selbst verbrauchten Strom muss im Gegenzug keine EEG-Vergütung gezahlt werden. Dies wiederum entlastet die Allgemeinheit. Im Speichermonitoring der Universität Aachen übersteigt die Summe der nicht gezahlten EEG-Vergütungen die Summe der entgangenen EEG-Umlagen im Jahr 2015 sogar deutlich.[28]

Bei entgangenen Netzentgelten und Konzessionsabgaben wird es dann aber problematischer. Die Kosten zur Erhaltung der Infrastruktur fallen für einen Netzbetreiber unabhängig vom Verbrauch an. Sinkt also der Netzbezug, so steigen Netzentgelte und Konzessionsabgaben. Stromkunden mit hohem Netzbezug werden dadurch umso stärker belastet. Letztendlich benötigen aber auch Haushalte mit hohem Autarkiegrad weiterhin einen Netzanschluss und funktionierende Netze. Konzessionsabgaben sind außerdem wichtige Einnahmenquellen für Städte und Kommunen.[29]

Eine Benachteiligung der reinen Strombezugskunden darf es nicht geben. Daher muss ein Preis-Modell gefunden werden, um dieser entgegen zu wirken. Dieses darf aber nicht die Anreize für einen Batteriespeicher eliminieren.

---

[26] Vgl. Kairies, K. (2016), S. 72
[27] Vgl. http://www.gesetze-im-internet.de/eeg_2014/__61a.html (Zugriffsdatum: 10.12.2020)
[28] Vgl. Kairies, K. (2016), S. 72 f.
[29] Vgl. Kairies, K. (2016), S.72-74

5.2. Netzstabilisierung

Wenn die Sonne scheint, speisen viele PV-Anlagen gleichzeitig ins Netz ein. Es kommt zu einer Erzeugungsspitze. Batteriespeicher können hier Abhilfe verschaffen. Sie sind in der Lage den Strom zu speichern, statt ins Netz einzuspeisen. Um die Einspeisespitze effektiv zu senken und damit das Netz zu stabilisieren, müssen diese netzdienlich betrieben werden. In Abb. 2 werden unterschiedliche Betriebsstrategien dargestellt.

Die Strategie „Ohne Einspeisebegrenzung" verfolgt lediglich das Ziel der Eigenversorgungsoptimierung. Sinkt der Stromverbrauch unter die Erzeugung der PV-Anlage, so wird die Batterie direkt geladen. Am Vormittag kann die Batterie bei entsprechender Wetterlage nun bereits vollständig geladen sein. Daher wird die Einspeisespitze nicht gesenkt.

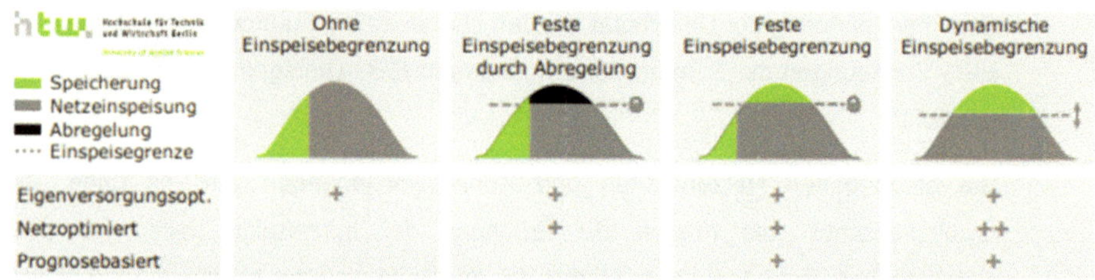

Abb. 2: Schematische Darstellung und Charakteristik verschiedener Betriebsstrategien für PV-Speichersysteme

Quelle: Weniger, J. (2015), S. 51

Durch eine feste Einspeisebegrenzung kann die Senkung der Einspeisespitze („Peak Shaving") erfolgen. Auch bei der Betriebsstrategie „Feste Einspeisebegrenzung durch Abregelung" wird die Batterie im Sinne der Eigenversorgungsoptimierung direkt geladen. Allerdings wird die Netzeinspeiseleistung begrenzt. Die PV-Anlage darf also nicht mit „voller Kraft" ins Netz einspeisen. Ist der Speicher nun aber am Vormittag vollständig geladen, muss die PV-Anlage abgeregelt werden, um die Einspeisebegrenzung einzuhalten. Ein Teil des erneuerbaren Stroms kann somit nicht eingespeist werden. Das ist zwar netzdienlich, aber nicht effizient.

Im Fall der „Festen Einspeisebegrenzung" werden zusätzlich Prognosen zur PV-Erzeugung und zum entsprechenden Stromverbrauch genutzt. Die entsprechende

Ladekapazität kann somit für die Einspeisespitze vorgehalten werden und diese senken. Eigenversorgungsoptimierung sowie Netzdienlichkeit sind somit gewährleistet.

Mit der Betriebsstrategie „Dynamische Einspeisebegrenzung" wird dieses Prinzip weiter ausgeweitet. Hier wird die Batterie nur geladen, wenn die Einspeiseleistung überschritten wird. Diese wird mehrmals täglich anhand der Prognosen festgelegt. Das Ziel dabei ist es, die Batterie im Laufe des Tages vollständig zu laden und dabei so wenig wie möglich ins Netz einzuspeisen. Wenn nun morgens mehr ausgespeist werden darf, so muss die Batterie nicht geladen werden. Darf mittags dann weniger ausgespeist werden, so kann in die volle Kapazität der Batterie eingespeichert werden. Im Gegensatz zur „Festen Einspeisebegrenzung" kann nun die volle Batteriekapazität zur Senkung der Einspeisespitze genutzt werden.[30]

5.3. Regelenergie

Eine Systemdienstleistung, die private Batteriespeicher erfüllen könnten, ist die der Regelenergieerbringung. Die Batterie wäre damit zum einen Erzeuger (positive Regelenergie) als auch Verbraucher (negative Regelenergie). Laut Bundesnetzagentur findet diese Regelenergieerbringung privater Batteriespeicher in der Praxis nicht häufig statt. Dies sei unwirtschaftlich, aufgrund der hohen Transaktionskosten.[31]

Eine Möglichkeit dieses Problem zu umgehen, ist das sogenannte „Pooling". Dabei werden viele kleine Speichereinheiten zu einer großen Speichereinheit aggregiert.[32] Das Ergebnis ist somit ein virtuelles Speicher-Kraftwerk. Wird dann positive Regelenergie bereitgestellt, so fließt Strom aus dem Batteriespeicher ins Netz. Wird der Batteriespeicher lediglich mit erneuerbaren Energien betrieben, so besteht ein Förderanspruch in Form der Einspeisevergütung in Höhe der eingespeisten Strommenge (ausgenommen Speicherverluste). Dies ist geregelt in § 19 Abs. 3 EEG 2017.[33] Auf dem Markt für negative Regelenergie muss Strom aus dem Netz in den Speicher aufgenommen werden. Dies hätte allerdings eine „Verunreinigung" des

---

[30] Vgl. Weniger, J. (2015), S. 51 f.
[31] Vgl. Bundesnetzagentur (2020), S. 18
[32] Vgl. Aundrup, T. (2015), S. 72
[33] Vgl. Henning, T. (2017), S. 37 f.

Batteriespeichers mit Nicht-EE-Strom zur Folge. Dies würde die Einstufung des Batteriespeichers als EE-Anlage aufheben.[34] Damit könnte dieser auch nicht mehr als EE-Anlage gefördert werden.

6 Nachhaltigkeit von privaten Batteriespeichern

Wichtige Rohstoffe für Lithium-Ionen-Batterien sind Lithium und Kobalt. Die bekannten Lithium-Reserven sollen bei der aktuellen Förderung circa 440 Jahre ausreichen (Stand 2017).[35] Kobalt sorgt für eine hohe Energiedichte des Batteriespeichers. Die bekannten Kobaltreserven sollen bei der aktuellen Förderung 58 Jahre ausreichen (Stand 2017).[36]

Da für Lithium-Ionen-Batterien eine hohe Reinheit der Rohstoffe benötigt wird, lohnt sich der Aufwand des Recyclings kaum.[37] Bei Lithium sorgt die hohe Förderung für niedrige Preise und damit für eine geringe Recyclingquote. Für Kobalt liegt diese höher, da die Preise für Kobalt deutlich höher sind. Aber auch der Anteil des Recyclings von Kobalt am Gesamtangebot liegt lediglich bei 10%.[38]

Der Abbau von Lithium kann nun aber durchaus problematisch sein. Durch den hohen Wasserverbrauch können die Grundwasserstände des Süßwassers absinken.[39] Das kann die Wasserversorgung in ohnehin schon trockenen Abbaugebieten wie in Chile weiter erschweren. Der Abbau von Kobalt fand im Jahr 2019 zu 58,3% in der DR Kongo statt.[40] In der politischen Instabilität des Landes ist die hohe Preisvolatilität von Kobalt begründet.[41] Zudem werden hier internationale Standards in Sachen Umwelt, Arbeitssicherheit und Kinderarbeit oftmals nicht eingehalten.[42]

Wie bereits erwähnt, steht die Lithium-Ionen-Batterie im Sinne der Nachhaltigkeit für eine lange Lebensdauer. Zudem könnte eine Zweitnutzung ausgedienter privater Batteriespeicher in einem Batteriekraftwerk durchaus sinnvoll sein.

---

[34] Vgl. Bundesnetzagentur (2019), S. 8 f.
[35] Vgl. Schmidt, M. (2017), S. 82
[36] Vgl. Al Barazi, S. (2018), S. 73
[37] Vgl. Drobe, M. (2020), S. 8
[38] Vgl. Schütte, P. (2020), S. 9
[39] Vgl. Drobe, M. (2020), S. 9
[40] Vgl. Bastian, D. (2019), S. 59
[41] Vgl. Al Barazi, S. (2017), S. 3
[42] Vgl. Schütte, P. (2020), S. 11-15

7 Fazit

Durch die aktuelle Konstellation von Haushalts-Strompreis und EEG-Vergütung sind private Batteriespeicher sinnvoll geworden. Die sinkenden Anschaffungskosten und die laufenden Förderungen durch Bund und Länder machen diese Investition für einen Haushalt letztendlich wirtschaftlich. Aktuell genügt es einem Haushalt, Eigenversorgungsoptimierung zu betreiben. Doch was ist, wenn sich dieses Modell in Zukunft nicht mehr lohnt? Es fehlen alternative Vermarktungsmöglichkeiten, auch bedingt durch die aktuelle Gesetzgebung.

Im Jahr 2017 lag die nutzbare Speicherkapazität von privaten Batteriespeichern bei 400 MWh. Zum Vergleich lag im Jahr 2015 die Netto-Nennleistung der deutschen Pumpspeicherkraftwerke bei 9.240 MWh. Dabei kann ein einzelnes Pumpspeicherkraftwerk bereits eine Netto-Nennleistung über 1.000 MWh erreichen.[43] Dieser Größenvergleich zeigt, dass das grundlegende Speicherproblem im höheren Spannungsbereich von anderen und größeren Kraftwerkstypen übernommen werden muss. Durch eine geeignete Betriebsstrategie der privaten Batteriespeicher kann aber mithilfe des „Peak Shavings" das Niederspannungsnetz entlastet werden.

Letztendlich steigt aber die Abhängigkeit von „Seltenen Erden". Die DR Kongo als größtes Förderland von Kobalt ist dabei ein eher unzuverlässigerer Partner. Der Abbau erfolgt oftmals auf Kosten der Umwelt und der Menschen, die vor Ort leben. Auf mittlere Sicht sind genügend Reserven von Lithium und Kobalt vorhanden. Um das Prinzip der Nachhaltigkeit zu erfüllen, muss das Recycling von Lithium-Ionen-Batterien aber deutlich wirtschaftlicher werden.

Private Batteriespeicher sind aktuell für den einzelnen Haushalt wirtschaftlich. Entsprechend ins Stromsystem integriert, können sie einen Beitrag zur Energiewende leisten. Im Sinne der Nachhaltigkeit gibt es aber noch viel Entwicklungspotenzial.

---

[43] Vgl. Agricola, A. (2015), S. 2

Anhang

Anmerkung der Redaktion: Die Abbildungen 3 und 4 wurden aus urheberrechtlichen Gründen entfernt.

Abb. 3: Anzahl der Heimspeicherinstallationen in Deutschland/jährliche Neuinstallationen

    (2017-2019)

    Quelle: https://www.eupd-research.com/ende-2019-sind-gut-200000-heimspeicher-in-deutschland-installiert/ (Zugriffsdatum: 06.12.2020)

Abb. 4: Marktanteile für Heimspeicher in Deutschland (2019)

    Quelle: https://www.eupd-research.com/ende-2019-sind-gut-200000-heimspeicher-in-deutschland-installiert/ (Zugriffsdatum: 06.12.2020)

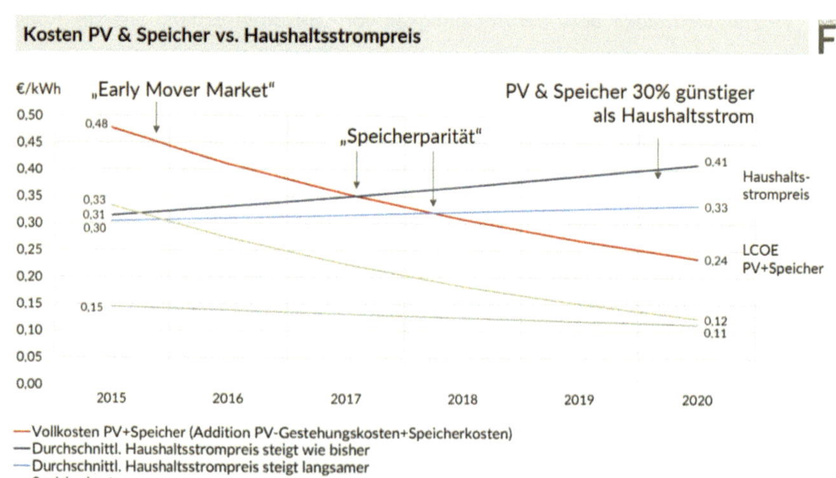

Abb. 5: Kosten PV & Speicher vs. Haushaltsstrompreis

    Quelle: BüroF (2016), S. 51

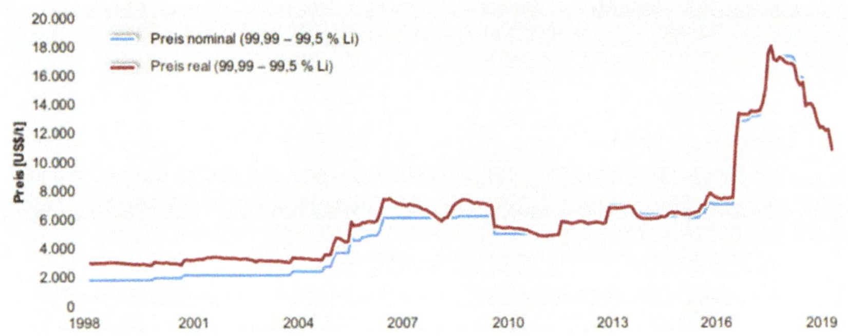

Abb. 6: Preisentwicklung Lithium

Quelle: Bundesanstalt für Geowissenschaften und Rohstoffe (2020), S. 4

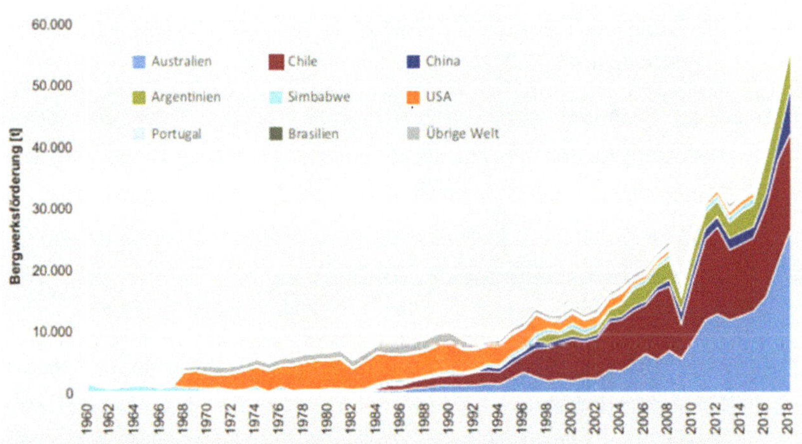

Abb. 7: Entwicklung der Bergwerksförderung von Lithium

Quelle: Bundesanstalt für Geowissenschaften und Rohstoffe (2020), S. 4

Literaturverzeichnis

Agricola, Annegret-C. (2015): Ergebnispapier - Der Beitrag von Pumpspeicherwerken zur Netzstabilität und zur Versorgungssicherheit - die wachsende Bedeutung von Pumpspeicherwerken für die Energiewende, Deutsche Energieagentur, Berlin 2015 (Abruf: https://www.dena.de/fileadmin/dena/Dokumente/Meldungen/Archiv/150716_den a_Ergebnispapier_Pumpspeicherwerke.pdf, Zugriffsdatum: 15.12.2020).

Al Barazi, Siyamend (2018): DERA Rohstoffinformationen Rohstoffrisikobewertung - Kobalt, Deutsche Rohstoffagentur, Berlin 2018 (Abruf: https://www.bgr.bund.de/DE/Gemeinsames/Produkte/Downloads/DERA_Rohst offinformationen/rohstoffinformationen-36.pdf?__blob=publicationFile&v=2, Zugriffsdatum: 15.12.2020).

Al Barazi, Siyamend (2017): Kobalt aus DR Kongo – Potenziale, Risiken und Bedeutung für den Kobaltmarkt, in Commodity TopNews, Nr. 53, hrsg. von BGR, Hannover Juni 2017 (Abruf: https://www.bgr.bund.de/DE/Gemeinsames/Produkte/Downloads/Commodity_T op_News/Rohstoffwirtschaft/53_kobalt-aus-der-dr-kongo.pdf?__blob=publicationFile&v=10, Zugriffsdatum: 16.12.2020).

Aundrup, Thomas (2015): VDE-Studie – Batteriespeicher in der Nieder- und Mittelspannungsebene, Verband der Elektrotechnik, Frankfurt am Main 2015 (Abruf: https://speicherinitiative.at/wp-content/uploads/sites/8/2020/11/03-Batterienspeicher.pdf, Zugriffsdatum: 15.12.2020).

Brauner, Günther (2019): Systemeffizienz bei regenerativer Stromerzeugung: Strategien für effiziente Energieversorgung bis 2050, Springer Vieweg, Wiesbaden 2019.

Bundesanstalt für Geowissenschaften und Rohstoffe (Hrsg.) (2020): Lithium - Rohstoffwirtschaftliche Steckbriefe, BGR, Hannover 2020 (Abruf: https://www.deutsche-rohstoffagentur.de/DERA/DE/Downloads/steckbrief_lithium.pdf?__blob=publicat ionFile&v=2, Zugriffsdatum: 15.12.2020).

Bundesministerium für Wirtschaft und Energie (Hrsg.) (2019): Erneuerbare Energien in Zahlen, BMWi, Berlin 2019 (Abruf: https://www.bmwi.de/Redaktion/DE/Publikationen/Energie/erneuerbare-energien-in-zahlen-2018.pdf?__blob=publicationFile&v=22, Zugriffsdatum: 15.12.2020).

Bundesnetzagentur (Hrsg.) (2020): Bericht - Regelungen zu Stromspeichern im deutschen Strommarkt, BnetzA, Bonn 2020 (Abruf: https://www.bundesnetzagentur.de/SharedDocs/Downloads/DE/Sachgebiete/Energie/Unternehmen_Institutionen/ErneuerbareEnergien/Speicherpapier.pdf?__blob=publicationFile&v=2, Zugriffsdatum: 15.12.2020).

Bundenetzagentur (Hrsg.) (2019): Hinweis EE-Stromspeicher: Registrierungspflichten, Amnestie, Förderung und Abgrenzung Version 1.1, BnetzA, Bonn 2019 (Abruf: https://www.bundesnetzagentur.de/SharedDocs/Downloads/DE/Sachgebiete/Energie/Unternehmen_Institutionen/ErneuerbareEnergien/Hinweispapiere/Stromspeicher.pdf?__blob=publicationFile&v=3, Zugriffsdatum: 15.12.2020).

Büro F (Hrsg.) (2016): Energy Business Lab, Büro F, Berlin 2016 (Abruf: https://static1.squarespace.com/static/5b18de9b3917ee20d18acc8e/t/5eba73f4823c6d68ccd3b5e7/1589277697409/160104_B%C3%BCro_F_Energy_Business_Lab_PRESSEVERSION.pdf, Zugriffsdatum: 19.12.2020)

Bastian, Dennis (2019): DERA-Rohstoffliste 2019, Deutsche Rohstoffagentur, Berlin 2019 (Abruf: https://www.deutsche-rohstoffagentur.de/DE/Gemeinsames/Produkte/Downloads/DERA_Rohstoffinformationen/rohstoffinformationen-40.pdf?__blob=publicationFile&v=5, Zugriffsdatum: 15.12.2020).

Drobe, Malte/Schmidt, Michael/Franken Gudrun (2020): Lithium - Informationen zur Nachhaltigkeit, BGR, Hannover 2020 (Abruf: https://www.deutsche-rohstoffagentur.de/DE/Gemeinsames/Produkte/Downloads/Informationen_Nachhaltigkeit/lithium.pdf?__blob=publicationFile&v=4, Zugriffsdatum: 15.12.2020).

Eckert, Fabian/Thema, Martin (2017): Energiespeicher - Bedarf, Technologien, Integration, 2. korrigierte und ergänzte Auflage, Springer Vieweg, hrsg. von Sterner, Michael/Stadler, Ingo, Berlin 2017, S. 687-735.

Figgener, Jan (2017): Wissenschaftliches Mess- und Evaluierungsprogramm Solarstromspeicher 2.0 Jahresbericht 2017, RWTH Aachen, Aachen 2017 (Abruf: https://www.bves.de/wp-content/uploads/2017/07/Speichermonitoring_Jahresbericht_2017_ISEA_RWTH_Aachen.pdf, Zugriffsdatum: 16.12.2020).

Figgener, Jan (2019): Speichermonitoring BW Jahresbericht 2019, RWTH Aachen, Aachen 2019 (Abruf: https://www.speichermonitoring-bw.de/wp-content/uploads/2019/08/Speichermonitoring_BW_Jahresbericht_2019_ISEA_RWTH_Aachen.pdf, Zugriffsdatum 16.12.2020).

Figgener, Jan (2020): The development of stationary battery storage systems in Germany – A market review, Journal of Energy Storage, Nr. 29, Juni 2020 (Abruf: https://reader.elsevier.com/reader/sd/pii/S2352152X19309442?token=DF810354EB69AD46AAC65B3EC53A41F557E058569DDCA42A73B37106989006B7D467DEA6887524A2A3D797AAD4CAE152, Zugriffsdatum: 16.12.2020).

Graulich, Kathrin (2018): Einsatz und Wirtschaftlichkeit von Photovoltaik-Batteriespeichern in Kombination mit Stromsparen, Öko-Institut e.V., Freiburg 2018 (Abruf: https://www.oeko.de/fileadmin/oekodoc/PV-Batteriespeicher-Endbericht.pdf, Zugriffsdatum: 16.12.2020).

Henning, Thomas (2017): Rechtliche Rahmenbedingungen der Energiespeicher und der Sektorkopplung, Springer Vieweg, Wiesbaden 2017.

Kairies, Kai-P. (2016): Wissenschaftliches Mess- und Evaluierungsprogramm Solarstromspeicher Jahresbericht 2016, RWTH Aachen, Aachen 2016 (Abruf: https://www.bves.de/wp-content/uploads/2017/06/Speichermonitoring_Jahresbericht_2016_Kairies_web.pdf, Zugriffsdatum: 16.12.2020).

Kurzweil, Peter/Dietlmeier Otto K. (2018): Elektrochemische Speicher Superkondensatoren, Batterien, Elektrolyse-Wasserstoff, Rechtliche Rahmenbedingungen, 2., aktualisierte und erweiterte Auflage, Springer Vieweg, Wiesbaden 2018.

Schmidt, Michael (2017): DERA Rohstoffinformationen Rohstoffrisikobewertung - Lithium, Deutsche Rohstoffagentur, Berlin 2017 (Abruf: https://www.bgr.bund.de/DE/Gemeinsames/Produkte/Downloads/DERA_Rohst

offinformationen/rohstoffinformationen-33.pdf?__blob=publicationFile&v=2, Zugriffsdatum: 16.12.2020).

Schmiegel, Armin U. (2019): Energiespeicher für die Energiewende: Auslegung und Betrieb von Speichersystemen, Hanser, München 2019.

Schütte, Phillip (2020): Kobalt – Informationen zur Nachhaltigkeit, BGR, Hannover 2020 (Abruf: https://www.bgr.bund.de/DE/Gemeinsames/Produkte/Downloads/Informationen_Nachhaltigkeit/kobalt.pdf?__blob=publicationFile&v=3, Zugriffsdatum: 16.12.2020).

Sinnecker, Christoph (2017): Photovoltaik und Batteriespeicher. Technologie, Integration, Wirtschaftlichkeit, Ministerium für Umwelt, Klima und Energiewirtschaft Baden-Württemberg, Stuttgart 2017.

Thielmann, Axel/Sauer, Andreas/Wietschel, Martin (2015): Gesamt-Roadmap Stationäre Energiespeicher 2030, Fraunhofer Institut, Karlsruhe 2015 (Abruf: https://www.isi.fraunhofer.de/content/dam/isi/dokumente/cct/lib/GRM-SES.pdf, Zugriffsdatum: 16.12.2020).

Weniger, Johannes (2015): Dezentrale Solarstromspeicher für die Energiewende, HTW Berlin, Berlin 2015 (Abruf: https://pvspeicher.htw-berlin.de/wp-content/uploads/2015/05/HTW-Berlin-Solarspeicherstudie.pdf, Zugriffsdatum: 16.12.2020).

Internetquellen

https://um.baden-wuerttemberg.de/de/energie/informieren-beraten-foerdern/foerdermoeglichkeiten/pv-speicher/ (Zugriffsdatum: 17.12.2020)

https://www.eupd-research.com/ende-2019-sind-gut-200000-heimspeicher-in-deutschland-installiert/ (Zugriffsdatum: 06.12.2020)

http://www.gesetze-im-internet.de/eeg_2014/__61j.html (Zugriffsdatum: 10.12.2020)

https://www.kfw.de/inlandsfoerderung/Privatpersonen/Bestandsimmobilie/F%C3%B6rderprodukte/Eneuerbare-Energien-Standard-(270)/ (Zugriffsdatum: 06.12.2020)